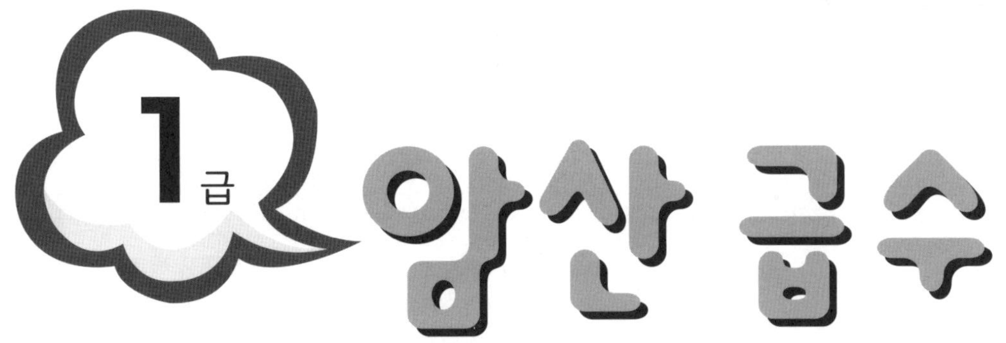

1급
암산 급수
대한암산수학연구소

제한시간 : 3분

걸린시간 : _____ 분 _____ 초

1	2	3	4	5
349	379	694	734	830
−72	658	−56	703	−571
578	51	478	−67	66
25	−589	−795	−55	176
−89	409	370	−346	345
857	−45	79	531	−89
−658	−82	−95	94	−21

6	7	8	9	10
547	716	642	835	383
−205	−89	−52	−487	27
67	250	783	49	−187
−39	756	−95	−68	677
634	43	−463	294	−82
−84	−489	189	803	737
363	−94	74	−75	−81

점수	확인

걸린시간 : _____ 분 _____ 초

1	55 × 99 =	
2	82 × 98 =	
3	11 × 48 =	
4	46 × 41 =	
5	47 × 54 =	
6	64 × 36 =	
7	19 × 69 =	
8	83 × 57 =	
9	84 × 35 =	
10	28 × 19 =	
11	819 × 36 =	
12	287 × 46 =	
13	825 × 29 =	
14	467 × 23 =	
15	276 × 35 =	
16	46 × 923 =	
17	28 × 733 =	
18	83 × 991 =	
19	11 × 154 =	
20	64 × 125 =	

점수

확인

걸린시간 : _____ 분 _____ 초

1	5612 ÷ 61 =
2	1846 ÷ 71 =
3	3724 ÷ 98 =
4	6804 ÷ 81 =
5	3589 ÷ 37 =
6	5964 ÷ 71 =
7	1696 ÷ 32 =
8	5733 ÷ 63 =
9	4018 ÷ 82 =
10	5846 ÷ 74 =
11	3510 ÷ 26 =
12	6678 ÷ 53 =
13	6210 ÷ 23 =
14	4488 ÷ 22 =
15	8816 ÷ 76 =
16	4454 ÷ 34 =
17	7650 ÷ 45 =
18	7866 ÷ 57 =
19	8280 ÷ 72 =
20	4294 ÷ 38 =

점수 □   확인 □

걸린시간 : _____ 분 _____ 초

1	2	3	4	5
483	639	298	87	375
64	−85	803	734	−86
−358	418	−34	−69	209
549	−96	97	818	−399
−63	574	−637	−94	76
−45	31	−74	−488	−32
687	−837	563	603	787

6	7	8	9	10
897	64	576	596	514
742	236	−82	754	−427
−78	587	459	14	84
63	−59	−63	−75	184
−456	876	628	617	−15
399	−82	−732	−520	−91
−31	−718	41	−97	782

점수		확인	

걸린시간 : _____ 분 _____ 초

1	56 × 35 =
2	82 × 89 =
3	11 × 57 =
4	46 × 37 =
5	47 × 91 =
6	99 × 85 =
7	19 × 95 =
8	83 × 43 =
9	84 × 38 =
10	28 × 59 =
11	816 × 53 =
12	289 × 17 =
13	833 × 65 =
14	471 × 87 =
15	275 × 21 =
16	47 × 116 =
17	45 × 975 =
18	83 × 713 =
19	11 × 693 =
20	65 × 156 =

점수　　　확인

제2회 제암산

3교시

제한시간 : 3분

걸린시간 : _____ 분 _____ 초

1	$5301 \div 93 =$	
2	$3496 \div 76 =$	
3	$2835 \div 81 =$	
4	$7470 \div 90 =$	
5	$4275 \div 75 =$	
6	$4071 \div 69 =$	
7	$4814 \div 83 =$	
8	$2025 \div 45 =$	
9	$3827 \div 43 =$	
10	$3626 \div 98 =$	
11	$4914 \div 26 =$	
12	$6512 \div 37 =$	
13	$8178 \div 29 =$	
14	$6304 \div 32 =$	
15	$7831 \div 41 =$	
16	$7774 \div 46 =$	
17	$5920 \div 32 =$	
18	$9728 \div 38 =$	
19	$3726 \div 27 =$	
20	$7566 \div 26 =$	

점수

확인

걸린시간 : _____ 분 _____ 초

1	2	3	4	5
752	819	453	673	573
681	763	789	53	−427
−67	302	56	846	51
48	−45	−69	−193	843
−476	87	−393	−81	−65
519	−75	−61	−79	−92
−43	−327	675	564	775

6	7	8	9	10
482	34	326	607	352
965	812	−48	35	44
−64	−693	674	−453	358
57	892	235	296	−47
−357	−81	45	−48	573
735	586	−364	758	−34
−89	−62	−71	−62	−268

점수   확인

제3회 승암산 · 제3회 · **2교시** — 제한시간 : 3분

걸린시간 : _____ 분 _____ 초

1	56 × 57 =	
2	82 × 74 =	
3	12 × 25 =	
4	45 × 76 =	
5	48 × 66 =	
6	99 × 71 =	
7	21 × 34 =	
8	83 × 13 =	
9	84 × 35 =	
10	29 × 36 =	
11	793 × 65 =	
12	298 × 69 =	
13	837 × 13 =	
14	473 × 31 =	
15	261 × 68 =	
16	48 × 435 =	
17	44 × 797 =	
18	84 × 616 =	
19	12 × 115 =	
20	66 × 978 =	

점수 ___   확인 ___

걸린시간 : _____ 분 _____ 초

1	3752 ÷ 67 =
2	3397 ÷ 79 =
3	3795 ÷ 69 =
4	4628 ÷ 52 =
5	3036 ÷ 44 =
6	1972 ÷ 68 =
7	3626 ÷ 37 =
8	1960 ÷ 56 =
9	2064 ÷ 24 =
10	1392 ÷ 48 =
11	6110 ÷ 26 =
12	4572 ÷ 18 =
13	7667 ÷ 41 =
14	6561 ÷ 27 =
15	7037 ÷ 31 =
16	5618 ÷ 53 =
17	3264 ÷ 12 =
18	7536 ÷ 16 =
19	6880 ÷ 32 =
20	5715 ÷ 45 =

점수		확인	

제4회 가감암산 1교시 제한시간 : 3분

걸린시간 : _____ 분 _____ 초

1	2	3	4	5
549	345	467	365	458
432	417	574	45	37
−56	−69	−36	475	−201
−657	484	62	−63	298
38	−392	458	741	627
−62	53	−319	−76	−54
268	−74	−26	−273	−30

6	7	8	9	10
415	428	706	452	513
632	504	−413	−306	−29
28	−43	32	−93	358
−46	329	−56	49	730
−259	−49	378	484	−49
−37	−824	625	563	−268
964	45	−54	−86	82

점수 │ 　　　　　　확인 │ 　　　

걸린시간 : _______ 분 _______ 초

1	$56 \times 71 =$	
2	$82 \times 35 =$	
3	$12 \times 36 =$	
4	$45 \times 53 =$	
5	$48 \times 81 =$	
6	$99 \times 51 =$	
7	$21 \times 79 =$	
8	$73 \times 83 =$	
9	$84 \times 59 =$	
10	$29 \times 51 =$	
11	$785 \times 31 =$	
12	$316 \times 38 =$	
13	$848 \times 57 =$	
14	$485 \times 93 =$	
15	$268 \times 13 =$	
16	$48 \times 579 =$	
17	$44 \times 951 =$	
18	$84 \times 251 =$	
19	$13 \times 331 =$	
20	$66 \times 577 =$	

점수 / 확인

제4회 제암산 **3교시** 제한시간 : 3분

걸린시간 : _____ 분 _____ 초

1	1219 ÷ 53 =	
2	3306 ÷ 87 =	
3	6450 ÷ 75 =	
4	8256 ÷ 96 =	
5	4656 ÷ 97 =	
6	1305 ÷ 29 =	
7	6399 ÷ 81 =	
8	2117 ÷ 73 =	
9	3380 ÷ 65 =	
10	5733 ÷ 63 =	
11	6110 ÷ 26 =	
12	8294 ÷ 26 =	
13	8122 ÷ 31 =	
14	4608 ÷ 24 =	
15	5891 ÷ 43 =	
16	3240 ÷ 30 =	
17	7416 ÷ 36 =	
18	2464 ÷ 22 =	
19	7314 ÷ 53 =	
20	4320 ÷ 24 =	

점수 확인

걸린시간 : _____ 분 _____ 초

1	2	3	4	5
52	498	462	394	725
457	596	839	−299	−258
389	32	59	43	48
−479	−85	−467	504	459
372	−364	−37	−56	−67
−53	693	−68	596	352
−84	−57	546	−67	−19

6	7	8	9	10
586	783	340	56	624
−457	−361	638	688	−75
375	247	−47	−94	506
−72	−27	−535	−641	−843
36	378	45	282	−39
526	43	762	709	125
−48	−35	−29	−62	58

점수 | 확인

제5회
승암산 **2교시** 제한시간 : 3분

걸린시간 : ______ 분 ______ 초

1	57	×	25	=
2	81	×	71	=
3	12	×	62	=
4	45	×	13	=
5	48	×	94	=
6	99	×	14	=
7	21	×	81	=
8	73	×	37	=
9	85	×	14	=
10	29	×	67	=
11	781	×	17	=
12	317	×	46	=
13	856	×	68	=
14	481	×	35	=
15	253	×	72	=
16	49	×	753	=
17	43	×	594	=
18	85	×	516	=
19	13	×	567	=
20	67	×	234	=

점수

확인

걸린시간 : _____ 분 _____ 초

1	1219 ÷ 53 =
2	2720 ÷ 68 =
3	1536 ÷ 32 =
4	2744 ÷ 56 =
5	5680 ÷ 71 =
6	3094 ÷ 91 =
7	2730 ÷ 78 =
8	2646 ÷ 98 =
9	3950 ÷ 79 =
10	5980 ÷ 92 =
11	3770 ÷ 26 =
12	8294 ÷ 26 =
13	6552 ÷ 36 =
14	9139 ÷ 37 =
15	2688 ÷ 24 =
16	5776 ÷ 38 =
17	5660 ÷ 20 =
18	8316 ÷ 27 =
19	7136 ÷ 16 =
20	4785 ÷ 15 =

점수　　　확인

제6회 가감암산 1교시

제한시간 : 3분

1급

걸린시간 : _____ 분 _____ 초

1	2	3	4	5
532	347	781	356	215
58	506	−344	−59	505
689	−61	49	692	−91
−45	901	−32	−94	473
736	−259	904	635	−85
−67	37	−15	−378	46
−405	−69	632	80	−394

6	7	8	9	10
467	378	863	701	355
843	−254	−26	69	670
−75	−63	784	−425	−94
385	84	−658	−92	58
−62	946	42	−58	−793
49	−77	946	869	−63
−927	372	−13	711	986

점수　　　확인

걸린시간 : _____ 분 _____ 초

1	57 × 38 =	
2	81 × 35 =	
3	12 × 87 =	
4	44 × 83 =	
5	49 × 16 =	
6	98 × 61 =	
7	22 × 15 =	
8	73 × 25 =	
9	85 × 67 =	
10	31 × 75 =	
11	777 × 79 =	
12	323 × 37 =	
13	855 × 86 =	
14	499 × 51 =	
15	242 × 57 =	
16	49 × 587 =	
17	42 × 389 =	
18	86 × 718 =	
19	14 × 732 =	
20	68 × 569 =	

점수		확인	

3교시

제한시간 : 3분

걸린시간 : _____ 분 _____ 초

1	5208 ÷ 93 =
2	3472 ÷ 56 =
3	1824 ÷ 38 =
4	2739 ÷ 33 =
5	3479 ÷ 71 =
6	7290 ÷ 81 =
7	5625 ÷ 75 =
8	4675 ÷ 85 =
9	5248 ÷ 82 =
10	4824 ÷ 72 =
11	5520 ÷ 46 =
12	7280 ÷ 26 =
13	5888 ÷ 23 =
14	9680 ÷ 44 =
15	8370 ÷ 62 =
16	5304 ÷ 34 =
17	3600 ÷ 20 =
18	6283 ÷ 61 =
19	6552 ÷ 13 =
20	3302 ÷ 26 =

점수

확인

걸린시간 : _____ 분 _____ 초

1	2	3	4	5
548	661	762	327	674
−173	−46	−568	869	−35
64	328	57	93	491
234	−49	−46	175	89
−91	595	379	−578	−62
−43	37	−69	−62	−757
845	−159	594	−79	786

6	7	8	9	10
433	760	278	465	876
−58	−427	−36	97	48
705	−84	729	−35	−67
32	38	−91	483	−354
−576	642	86	−74	723
−40	−53	974	−632	−46
736	589	−432	298	345

점수 확인

제7회
승암산 **2교시** 제한시간 : 3분

걸린시간 : _____ 분 _____ 초

1	57 × 61 =
2	79 × 64 =
3	13 × 74 =
4	44 × 66 =
5	49 × 35 =
6	98 × 38 =
7	22 × 23 =
8	72 × 97 =
9	85 × 69 =
10	31 × 76 =
11	779 × 54 =
12	335 × 53 =
13	863 × 75 =
14	518 × 19 =
15	247 × 91 =
16	51 × 861 =
17	42 × 115 =
18	86 × 757 =
19	15 × 573 =
20	69 × 267 =

점수

확인

걸린시간 : _____ 분 _____ 초

1	2139 ÷ 93 =	
2	5525 ÷ 85 =	
3	5840 ÷ 73 =	
4	5418 ÷ 63 =	
5	4500 ÷ 60 =	
6	2997 ÷ 81 =	
7	7296 ÷ 76 =	
8	9021 ÷ 93 =	
9	1824 ÷ 48 =	
10	4725 ÷ 63 =	
11	7488 ÷ 36 =	
12	7686 ÷ 42 =	
13	8294 ÷ 26 =	
14	6228 ÷ 12 =	
15	5850 ÷ 18 =	
16	4082 ÷ 26 =	
17	4096 ÷ 32 =	
18	8000 ÷ 50 =	
19	7300 ÷ 20 =	
20	3468 ÷ 34 =	

점수   확인

걸린시간 : _____ 분 _____ 초

1	2	3	4	5
648	752	617	572	376
-57	975	-455	-208	843
763	-48	59	-71	-39
-69	96	-46	269	88
89	-542	895	90	-78
-709	202	-53	-84	795
267	-76	411	214	-548

6	7	8	9	10
158	65	860	790	431
-84	949	-321	841	547
624	-48	62	-57	-35
739	-598	-89	83	64
-98	-30	216	-370	-572
69	348	327	796	-41
-425	156	-51	-38	906

점수　　확인

걸린시간 : _____ 분 _____ 초

1	58 × 14 =	
2	79 × 59 =	
3	13 × 91 =	
4	44 × 35 =	
5	49 × 39 =	
6	98 × 25 =	
7	22 × 98 =	
8	72 × 18 =	
9	86 × 43 =	
10	31 × 82 =	
11	764 × 47 =	
12	339 × 15 =	
13	871 × 43 =	
14	525 × 28 =	
15	231 × 85 =	
16	52 × 458 =	
17	41 × 438 =	
18	87 × 374 =	
19	15 × 688 =	
20	69 × 141 =	

점수   확인

제8회 제암산 **3교시**   제한시간 : 3분

걸린시간 : _____ 분 _____ 초

1	$3225 \div 43 =$
2	$5270 \div 62 =$
3	$5372 \div 79 =$
4	$4623 \div 67 =$
5	$2856 \div 56 =$
6	$2730 \div 78 =$
7	$2160 \div 60 =$
8	$3976 \div 71 =$
9	$7178 \div 74 =$
10	$4067 \div 49 =$
11	$7488 \div 26 =$
12	$2704 \div 26 =$
13	$5499 \div 39 =$
14	$7102 \div 67 =$
15	$3528 \div 14 =$
16	$3948 \div 28 =$
17	$3692 \div 13 =$
18	$8460 \div 12 =$
19	$6783 \div 19 =$
20	$3680 \div 23 =$

점수		확인	

걸린시간 : _____ 분 _____ 초

1	2	3	4	5
302	624	86	430	591
794	28	406	−294	682
−58	352	−385	−95	64
623	−917	−23	402	−855
−75	−40	794	35	737
92	965	265	−86	−93
−410	−72	−82	879	−62

6	7	8	9	10
605	354	694	835	42
−283	732	28	619	693
496	−68	703	32	749
−64	46	−316	262	−35
−83	−503	−67	−495	871
50	579	517	−17	−43
694	−41	−13	−40	−283

점수 　　　 확인

제9회 승암산 **2교시**   제한시간 : 3분

걸린시간 : _____ 분 _____ 초

1	58 × 51 =	
2	79 × 57 =	
3	14 × 54 =	
4	43 × 87 =	
5	51 × 19 =	
6	97 × 71 =	
7	23 × 35 =	
8	71 × 95 =	
9	86 × 85 =	
10	31 × 43 =	
11	767 × 98 =	
12	341 × 79 =	
13	872 × 91 =	
14	529 × 95 =	
15	225 × 73 =	
16	52 × 577 =	
17	39 × 789 =	
18	88 × 579 =	
19	16 × 461 =	
20	69 × 715 =	

점수　　　확인

걸린시간 : _____ 분 _____ 초

1	3060 ÷ 85 =	
2	4760 ÷ 70 =	
3	2542 ÷ 41 =	
4	5916 ÷ 87 =	
5	3040 ÷ 80 =	
6	5396 ÷ 71 =	
7	3380 ÷ 65 =	
8	6068 ÷ 82 =	
9	4056 ÷ 78 =	
10	1071 ÷ 63 =	
11	7436 ÷ 26 =	
12	6192 ÷ 43 =	
13	6498 ÷ 18 =	
14	3692 ÷ 26 =	
15	9715 ÷ 29 =	
16	4096 ÷ 32 =	
17	8262 ÷ 18 =	
18	8500 ÷ 50 =	
19	3584 ÷ 14 =	
20	4056 ÷ 26 =	

점수   확인

제10회 가감암산 1교시

제한시간 : 3분

걸린시간 : _____ 분 _____ 초

1	2	3	4	5
643	347	705	359	846
−245	782	−348	728	210
47	−54	461	83	86
−81	482	−67	−519	−37
206	−68	51	−56	−317
354	−397	156	694	−45
−89	21	−69	−45	492

6	7	8	9	10
537	283	694	529	765
−391	605	−354	156	−57
60	−69	453	−42	−279
594	735	72	960	473
−38	−481	−63	−328	−46
602	59	−31	68	91
−27	−87	761	−90	354

점수 □ 확인 □

걸린시간 : _____ 분 _____ 초

1	58 × 85 =	
2	79 × 12 =	
3	14 × 63 =	
4	43 × 71 =	
5	51 × 57 =	
6	97 × 57 =	
7	23 × 87 =	
8	71 × 83 =	
9	86 × 96 =	
10	32 × 36 =	
11	758 × 36 =	
12	357 × 21 =	
13	887 × 72 =	
14	534 × 49 =	
15	223 × 54 =	
16	53 × 642 =	
17	39 × 351 =	
18	88 × 837 =	
19	17 × 385 =	
20	71 × 663 =	

점수　　　확인

3교시

제한시간 : 3분

걸린시간 : _____ 분 _____ 초

1	$1581 \div 93 =$	
2	$3276 \div 78 =$	
3	$4611 \div 53 =$	
4	$3920 \div 80 =$	
5	$1932 \div 69 =$	
6	$5734 \div 94 =$	
7	$6048 \div 96 =$	
8	$5561 \div 67 =$	
9	$4032 \div 84 =$	
10	$1664 \div 64 =$	
11	$8502 \div 26 =$	
12	$3692 \div 26 =$	
13	$2295 \div 17 =$	
14	$6204 \div 47 =$	
15	$8844 \div 22 =$	
16	$4488 \div 17 =$	
17	$7061 \div 23 =$	
18	$6973 \div 19 =$	
19	$6880 \div 16 =$	
20	$5236 \div 17 =$	

점수

확인

걸린시간 : _____ 분 _____ 초

1	2	3	4	5
424	537	658	397	372
78	−49	732	58	618
−61	578	93	619	−84
624	−76	−248	−47	−687
953	759	−67	−524	−30
−83	−475	−42	283	895
−859	92	406	−78	32

6	7	8	9	10
280	562	36	78	430
402	678	510	354	617
−56	−41	709	−51	−79
761	259	−31	857	87
95	43	−51	−723	−365
−78	−25	468	−52	−62
−954	−816	−374	903	427

점수 | 확인

걸린시간 : _____ 분 _____ 초

1	59 × 71 =	
2	78 × 45 =	
3	14 × 85 =	
4	43 × 67 =	
5	51 × 92 =	
6	97 × 35 =	
7	23 × 93 =	
8	71 × 79 =	
9	87 × 19 =	
10	32 × 95 =	
11	746 × 95 =	
12	352 × 37 =	
13	884 × 17 =	
14	541 × 64 =	
15	214 × 63 =	
16	54 × 359 =	
17	38 × 857 =	
18	89 × 351 =	
19	17 × 536 =	
20	72 × 536 =	

점수 확인

걸린시간 : _____ 분 _____ 초

1	$1482 \div 26 =$	
2	$2310 \div 66 =$	
3	$5162 \div 89 =$	
4	$3038 \div 98 =$	
5	$3588 \div 52 =$	
6	$4176 \div 87 =$	
7	$1920 \div 80 =$	
8	$3128 \div 68 =$	
9	$2679 \div 47 =$	
10	$6432 \div 67 =$	
11	$6227 \div 13 =$	
12	$7038 \div 17 =$	
13	$7093 \div 41 =$	
14	$6156 \div 57 =$	
15	$8127 \div 43 =$	
16	$5184 \div 24 =$	
17	$8085 \div 35 =$	
18	$8845 \div 29 =$	
19	$3645 \div 27 =$	
20	$4984 \div 14 =$	

점수

확인

제12회 가감암산 **1교시**

제한시간 : 3분

걸린시간 : _____ 분 _____ 초

1	2	3	4	5
29	872	43	36	674
738	425	816	671	−538
−542	88	−14	−259	42
−86	321	256	−84	453
459	−39	−63	908	−65
−59	−684	606	−37	−96
835	−58	−583	187	805

6	7	8	9	10
757	783	61	693	89
41	79	438	−459	476
678	−376	264	−47	−39
209	890	−327	81	475
−49	−62	564	278	−920
−85	−29	−14	375	−48
−547	379	−43	−53	624

점수

확인

걸린시간 : _____ 분 _____ 초

1	59 × 75 =
2	78 × 19 =
3	15 × 13 =
4	43 × 14 =
5	52 × 19 =
6	96 × 99 =
7	24 × 19 =
8	71 × 35 =
9	87 × 53 =
10	33 × 17 =
11	745 × 21 =
12	368 × 82 =
13	891 × 54 =
14	547 × 81 =
15	193 × 56 =
16	55 × 896 =
17	37 × 533 =
18	91 × 735 =
19	18 × 217 =
20	72 × 769 =

점수

확인

제12회 제암산 **3교시** 제한시간 : 3분

걸린시간 : _____ 분 _____ 초

1	3162 ÷ 93 =
2	2268 ÷ 63 =
3	7178 ÷ 97 =
4	2548 ÷ 98 =
5	3072 ÷ 96 =
6	2064 ÷ 24 =
7	1974 ÷ 47 =
8	1261 ÷ 13 =
9	2664 ÷ 36 =
10	1975 ÷ 79 =
11	3510 ÷ 26 =
12	9432 ÷ 18 =
13	7592 ÷ 26 =
14	4944 ÷ 48 =
15	6498 ÷ 57 =
16	4982 ÷ 47 =
17	6660 ÷ 37 =
18	5510 ÷ 19 =
19	6383 ÷ 13 =
20	3480 ÷ 24 =

점수　　　확인

가감암산 · 1교시

제한시간 : 3분

걸린시간 : _____ 분 _____ 초

1	2	3	4	5
571	968	274	435	325
70	53	322	784	−81
306	−665	−84	−91	431
547	−93	−95	236	752
−98	−40	−324	−76	−86
−68	457	32	43	45
−275	614	846	−823	−749

6	7	8	9	10
238	657	84	56	342
397	−68	517	412	546
32	423	−15	572	31
−443	28	−292	−97	−84
−76	−323	−56	−38	620
576	−40	413	−233	−65
−84	739	672	684	−712

점수 ☐ 확인 ☐

걸린시간 : _____ 분 _____ 초

1	59 × 96 =
2	77 × 86 =
3	15 × 72 =
4	42 × 75 =
5	52 × 71 =
6	96 × 35 =
7	24 × 28 =
8	69 × 87 =
9	87 × 61 =
10	33 × 31 =
11	731 × 76 =
12	374 × 18 =
13	913 × 31 =
14	555 × 57 =
15	196 × 91 =
16	55 × 983 =
17	37 × 311 =
18	91 × 333 =
19	19 × 189 =
20	73 × 415 =

점수　확인

걸린시간 : _____ 분 _____ 초

1	5859 ÷ 93 =
2	2314 ÷ 26 =
3	2268 ÷ 36 =
4	2960 ÷ 37 =
5	4446 ÷ 78 =
6	7178 ÷ 97 =
7	1974 ÷ 47 =
8	3072 ÷ 32 =
9	2448 ÷ 68 =
10	1975 ÷ 79 =
11	3510 ÷ 26 =
12	9432 ÷ 18 =
13	8544 ÷ 48 =
14	9744 ÷ 48 =
15	5940 ÷ 45 =
16	4982 ÷ 47 =
17	3480 ÷ 24 =
18	5510 ÷ 19 =
19	6383 ÷ 13 =
20	4654 ÷ 13 =

점수 　　확인

걸린시간 : _____ 분 _____ 초

1	2	3	4	5
234	312	723	843	362
329	603	−76	−257	−34
−56	−32	−570	43	748
841	726	62	589	53
26	−694	486	−61	−390
−85	43	518	−74	−85
−597	−64	−83	156	822

6	7	8	9	10
243	676	382	913	86
605	35	371	456	749
−84	−523	−18	−47	−53
−69	−94	51	895	682
498	473	789	18	−57
57	853	−23	−90	−675
−751	−31	−654	−425	783

점수 | 확인

걸린시간 : _____ 분 _____ 초

1	61	× 37	=
2	77	× 58	=
3	15	× 91	=
4	42	× 56	=
5	52	× 93	=
6	96	× 26	=
7	24	× 49	=
8	69	× 67	=
9	88	× 32	=
10	33	× 54	=
11	726	× 82	=
12	379	× 54	=
13	911	× 63	=
14	561	× 95	=
15	181	× 74	=
16	56	× 439	=
17	36	× 727	=
18	92	× 616	=
19	19	× 738	=
20	74	× 543	=

점수 확인

제14회 제암산 **3교시** 제한시간 : 3분

걸린시간 : _____ 분 _____ 초

1	3901 ÷ 83 =	
2	3268 ÷ 76 =	
3	2146 ÷ 58 =	
4	1323 ÷ 49 =	
5	3933 ÷ 69 =	
6	2450 ÷ 70 =	
7	5184 ÷ 72 =	
8	5175 ÷ 75 =	
9	1539 ÷ 57 =	
10	4160 ÷ 65 =	
11	8096 ÷ 46 =	
12	7722 ÷ 39 =	
13	5356 ÷ 52 =	
14	8343 ÷ 27 =	
15	6192 ÷ 43 =	
16	8930 ÷ 38 =	
17	4564 ÷ 14 =	
18	8122 ÷ 31 =	
19	8189 ÷ 19 =	
20	9568 ÷ 46 =	

점수   확인

걸린시간 : _____ 분 _____ 초

1	2	3	4	5
465	234	397	578	693
537	548	61	-94	72
-56	-97	805	637	-286
81	61	-54	-230	432
-658	675	349	76	-78
-26	-39	-78	586	-83
786	-602	-490	-74	891

6	7	8	9	10
67	816	653	730	387
749	479	-85	651	-94
-58	20	754	-84	624
784	-71	-62	968	-39
-38	-593	827	42	-564
527	-34	-392	-17	761
-603	753	48	-412	26

점수		확인	

걸린시간 : _____ 분 _____ 초

1	61 × 53 =	
2	77 × 57 =	
3	16 × 17 =	
4	42 × 26 =	
5	53 × 12 =	
6	95 × 74 =	
7	24 × 64 =	
8	69 × 59 =	
9	88 × 79 =	
10	34 × 36 =	
11	722 × 13 =	
12	383 × 69 =	
13	923 × 91 =	
14	563 × 61 =	
15	174 × 33 =	
16	56 × 134 =	
17	35 × 753 =	
18	93 × 485 =	
19	21 × 626 =	
20	74 × 917 =	

점수　　　확인

걸린시간 : ______ 분 ______ 초

1	$4160 \div 65 =$	
2	$4128 \div 86 =$	
3	$3115 \div 89 =$	
4	$5032 \div 74 =$	
5	$4050 \div 90 =$	
6	$1406 \div 37 =$	
7	$5032 \div 68 =$	
8	$7047 \div 87 =$	
9	$1040 \div 26 =$	
10	$4930 \div 85 =$	
11	$6526 \div 26 =$	
12	$6402 \div 33 =$	
13	$8904 \div 24 =$	
14	$6574 \div 19 =$	
15	$6370 \div 35 =$	
16	$8487 \div 23 =$	
17	$8241 \div 41 =$	
18	$4959 \div 19 =$	
19	$3887 \div 23 =$	
20	$5088 \div 48 =$	

점수

확인

대한 암산 수학 연구소

걸린시간 : _____ 분 _____ 초

1	2	3	4	5
791	62	518	365	846
42	853	−72	730	−38
−376	972	884	−48	−257
−98	−43	−68	92	633
480	−39	806	−328	−66
−50	−184	67	−94	34
628	238	−412	638	649

6	7	8	9	10
539	42	64	260	81
25	747	189	332	134
−75	−49	−11	−85	−63
490	−181	−99	35	784
−132	−62	595	−242	−308
−81	136	−324	−96	−54
864	697	764	481	852

점수 확인

걸린시간 : _____ 분 _____ 초

1	61 × 98 =
2	77 × 19 =
3	16 × 21 =
4	41 × 49 =
5	53 × 38 =
6	95 × 71 =
7	25 × 57 =
8	68 × 75 =
9	88 × 98 =
10	34 × 53 =
11	713 × 75 =
12	395 × 73 =
13	936 × 53 =
14	576 × 73 =
15	173 × 62 =
16	57 × 595 =
17	35 × 579 =
18	93 × 693 =
19	21 × 567 =
20	75 × 818 =

점수		확인	

걸린시간 : _____ 분 _____ 초

1	5304 ÷ 78 =
2	3584 ÷ 64 =
3	8366 ÷ 89 =
4	4600 ÷ 50 =
5	5372 ÷ 68 =
6	3478 ÷ 74 =
7	1785 ÷ 21 =
8	1368 ÷ 38 =
9	6958 ÷ 71 =
10	5358 ÷ 94 =
11	4108 ÷ 26 =
12	3675 ÷ 35 =
13	7955 ÷ 43 =
14	9312 ÷ 24 =
15	6226 ÷ 22 =
16	2192 ÷ 16 =
17	7514 ÷ 26 =
18	8960 ÷ 64 =
19	5160 ÷ 15 =
20	6266 ÷ 26 =

점수 　　　　확인

걸린시간 : _____ 분 _____ 초

1	2	3	4	5
425	875	37	150	738
−53	52	425	96	34
558	−84	784	278	178
−761	−462	−58	−459	−319
47	390	−393	−61	−28
981	−55	730	463	875
−94	547	−62	−37	−49

6	7	8	9	10
579	89	342	49	785
64	846	−74	389	−57
−287	−92	75	−83	−467
631	−435	587	−63	582
−53	528	−652	847	−79
−46	737	−32	−354	16
843	−93	742	471	287

점수		확인	

제17회 승암산 **2교시** 제한시간 : 3분

걸린시간 : _____ 분 _____ 초

1	$62 \times 57 =$	
2	$76 \times 75 =$	
3	$16 \times 35 =$	
4	$41 \times 32 =$	
5	$53 \times 59 =$	
6	$95 \times 12 =$	
7	$25 \times 95 =$	
8	$68 \times 38 =$	
9	$89 \times 17 =$	
10	$34 \times 65 =$	
11	$695 \times 36 =$	
12	$391 \times 95 =$	
13	$931 \times 36 =$	
14	$595 \times 16 =$	
15	$162 \times 36 =$	
16	$58 \times 697 =$	
17	$34 \times 295 =$	
18	$94 \times 951 =$	
19	$22 \times 793 =$	
20	$76 \times 396 =$	

점수 확인

걸린시간 : _____ 분 _____ 초

1	2905 ÷ 35 =
2	2054 ÷ 26 =
3	8352 ÷ 96 =
4	2516 ÷ 68 =
5	3634 ÷ 79 =
6	2240 ÷ 56 =
7	7885 ÷ 83 =
8	3318 ÷ 79 =
9	1548 ÷ 36 =
10	5751 ÷ 81 =
11	3510 ÷ 26 =
12	6931 ÷ 29 =
13	9424 ÷ 31 =
14	4725 ÷ 45 =
15	6930 ÷ 42 =
16	5365 ÷ 37 =
17	9487 ÷ 53 =
18	6480 ÷ 60 =
19	9261 ÷ 27 =
20	6734 ÷ 13 =

점수 | 확인

제18회 **가감암산** **1교시** 제한시간 : 3분

걸린시간 : _____ 분 _____ 초

1	2	3	4	5
319	676	688	263	578
97	438	746	43	−48
−255	−18	92	−257	799
687	−57	−342	793	53
−74	19	549	863	−75
859	−386	−16	−79	−235
−64	506	−90	−36	864

6	7	8	9	10
567	705	849	42	485
−83	−358	−67	483	73
275	146	29	−236	−290
89	42	463	526	487
−95	−67	−735	−26	713
601	−83	−48	787	−28
−318	636	429	−69	−91

점수 　　　　확인

걸린시간 : _____ 분 _____ 초

1	62 × 79 =	
2	76 × 16 =	
3	16 × 69 =	
4	41 × 12 =	
5	53 × 93 =	
6	94 × 93 =	
7	26 × 13 =	
8	68 × 11 =	
9	89 × 21 =	
10	35 × 13 =	
11	696 × 93 =	
12	412 × 81 =	
13	947 × 71 =	
14	589 × 35 =	
15	156 × 11 =	
16	58 × 671 =	
17	33 × 658 =	
18	94 × 352 =	
19	23 × 415 =	
20	76 × 355 =	

점수 확인

걸린시간 : _____ 분 _____ 초

1	6210 ÷ 90 =
2	2279 ÷ 53 =
3	1924 ÷ 52 =
4	2736 ÷ 48 =
5	4104 ÷ 76 =
6	2968 ÷ 56 =
7	7885 ÷ 83 =
8	2891 ÷ 59 =
9	1640 ÷ 41 =
10	2108 ÷ 68 =
11	6708 ÷ 26 =
12	8442 ÷ 42 =
13	4294 ÷ 19 =
14	6732 ÷ 34 =
15	5103 ÷ 21 =
16	3612 ÷ 21 =
17	7511 ÷ 37 =
18	5200 ÷ 25 =
19	4472 ÷ 26 =
20	6192 ÷ 48 =

점수 　　　　확인

걸린시간 : _____ 분 _____ 초

1	2	3	4	5
51	391	769	832	28
631	-42	48	-65	147
-78	622	-735	76	-34
762	-458	460	-381	904
192	75	-69	452	-71
-654	-97	-76	743	-498
-58	642	652	-73	237

6	7	8	9	10
735	496	90	506	868
-586	-82	243	35	-91
28	473	871	-483	-54
-93	853	-62	256	-256
548	-695	467	-86	75
-65	25	-268	-62	319
227	-71	-51	798	233

점수		확인	

2교시

제한시간 : 3분

걸린시간 : _____ 분 _____ 초

1	$62 \times 83 =$	
2	$75 \times 94 =$	
3	$17 \times 15 =$	
4	$39 \times 59 =$	
5	$54 \times 12 =$	
6	$94 \times 81 =$	
7	$26 \times 16 =$	
8	$67 \times 95 =$	
9	$89 \times 54 =$	
10	$35 \times 68 =$	
11	$683 \times 51 =$	
12	$429 \times 62 =$	
13	$959 \times 64 =$	
14	$593 \times 59 =$	
15	$151 \times 87 =$	
16	$59 \times 433 =$	
17	$33 \times 796 =$	
18	$95 \times 897 =$	
19	$23 \times 519 =$	
20	$77 \times 923 =$	

점수

확인

걸린시간 : _____ 분 _____ 초

1	6231 ÷ 67 =
2	1326 ÷ 78 =
3	2318 ÷ 38 =
4	4074 ÷ 42 =
5	5229 ÷ 83 =
6	5307 ÷ 61 =
7	5400 ÷ 75 =
8	1716 ÷ 78 =
9	4028 ÷ 53 =
10	5561 ÷ 83 =
11	3510 ÷ 26 =
12	7514 ÷ 26 =
13	8551 ÷ 17 =
14	6400 ÷ 20 =
15	7770 ÷ 35 =
16	7552 ÷ 16 =
17	6716 ÷ 46 =
18	6664 ÷ 49 =
19	9009 ÷ 13 =
20	6713 ÷ 49 =

점수

확인

제20회 가감암산 1교시

제한시간 : 3분

걸린시간 : ______ 분 ______ 초

1	2	3	4	5
787	83	198	876	747
35	215	524	-37	94
-172	-74	-97	59	-294
-63	-39	18	417	-78
488	892	711	-68	-25
693	276	-689	749	593
-41	-198	-31	-248	785

6	7	8	9	10
39	94	77	639	886
815	134	828	-54	641
659	693	-12	898	-79
-28	-286	-85	267	40
-96	-81	798	-98	-567
-391	-59	-674	35	-32
527	779	432	-496	589

점수 | 확인

걸린시간 : _____ 분 _____ 초

1	$63 \times 21 =$	
2	$75 \times 66 =$	
3	$17 \times 37 =$	
4	$39 \times 25 =$	
5	$54 \times 71 =$	
6	$94 \times 23 =$	
7	$26 \times 59 =$	
8	$67 \times 43 =$	
9	$89 \times 69 =$	
10	$35 \times 86 =$	
11	$671 \times 67 =$	
12	$424 \times 79 =$	
13	$965 \times 59 =$	
14	$597 \times 13 =$	
15	$147 \times 25 =$	
16	$59 \times 196 =$	
17	$32 \times 984 =$	
18	$96 \times 984 =$	
19	$24 \times 951 =$	
20	$78 \times 931 =$	

점수 　 확인

제20회
제암산 **3교시** 제한시간 : 3분

걸린시간 : _____ 분 _____ 초

1	1972 ÷ 68 =	
2	2310 ÷ 66 =	
3	2916 ÷ 81 =	
4	3800 ÷ 40 =	
5	5840 ÷ 73 =	
6	3431 ÷ 73 =	
7	3496 ÷ 38 =	
8	5208 ÷ 84 =	
9	2115 ÷ 47 =	
10	3995 ÷ 85 =	
11	3510 ÷ 26 =	
12	7524 ÷ 12 =	
13	6204 ÷ 33 =	
14	5129 ÷ 23 =	
15	6454 ÷ 14 =	
16	7038 ÷ 17 =	
17	6776 ÷ 56 =	
18	7475 ÷ 13 =	
19	9321 ÷ 39 =	
20	6224 ÷ 16 =	

점수

확인

걸린시간 : _____ 분 _____ 초

1	2	3	4	5
893	93	764	381	587
729	764	−536	79	−49
−564	−79	85	488	824
49	568	−79	314	89
−87	−489	−51	−66	737
−68	991	372	−92	−94
369	−76	716	−368	−395

6	7	8	9	10
79	293	397	384	827
797	−46	−63	75	93
−86	847	−289	−82	−341
641	−99	97	791	−39
−59	645	823	569	−72
−538	−599	−71	−88	668
945	62	951	−213	793

점수　확인

제21회
승암산 **2교시**
제한시간 : 3분

1급

걸린시간 : _____ 분 _____ 초

1	63 × 35 =	
2	75 × 57 =	
3	17 × 46 =	
4	39 × 16 =	
5	54 × 84 =	
6	93 × 57 =	
7	26 × 73 =	
8	67 × 32 =	
9	91 × 15 =	
10	36 × 17 =	
11	677 × 35 =	
12	436 × 34 =	
13	976 × 35 =	
14	611 × 97 =	
15	135 × 69 =	
16	61 × 615 =	
17	31 × 219 =	
18	96 × 431 =	
19	25 × 817 =	
20	78 × 712 =	

점수

확인

3교시

걸린시간 : _____ 분 _____ 초

1	5964 ÷ 71 =
2	4864 ÷ 76 =
3	3100 ÷ 50 =
4	1872 ÷ 39 =
5	5624 ÷ 74 =
6	5576 ÷ 68 =
7	2592 ÷ 72 =
8	2590 ÷ 70 =
9	3528 ÷ 63 =
10	2268 ÷ 84 =
11	6902 ÷ 34 =
12	3406 ÷ 26 =
13	6204 ÷ 33 =
14	7353 ÷ 19 =
15	3820 ÷ 20 =
16	4776 ÷ 24 =
17	4536 ÷ 18 =
18	7540 ÷ 29 =
19	7923 ÷ 57 =
20	9792 ÷ 36 =

점수		확인	

제한시간 : 3분

걸린시간 : _____ 분 _____ 초

1	2	3	4	5
48	387	457	601	578
503	-58	-73	-74	842
-376	296	52	836	-73
-67	723	681	-78	32
532	-654	986	523	-89
-91	-69	-57	-865	917
238	43	-416	58	-264

6	7	8	9	10
79	589	623	98	913
806	437	914	209	-237
-48	56	-76	-37	-67
315	-74	37	754	30
-42	697	412	-123	842
242	-801	-23	708	424
-137	-91	-889	-86	-22

점수 □　확인 □

걸린시간 : _____ 분 _____ 초

1	$63 \times 54 =$
2	$75 \times 43 =$
3	$18 \times 37 =$
4	$38 \times 71 =$
5	$55 \times 26 =$
6	$93 \times 54 =$
7	$27 \times 42 =$
8	$66 \times 81 =$
9	$91 \times 46 =$
10	$36 \times 43 =$
11	$665 \times 14 =$
12	$448 \times 56 =$
13	$975 \times 16 =$
14	$611 \times 81 =$
15	$139 \times 48 =$
16	$62 \times 323 =$
17	$31 \times 132 =$
18	$97 \times 133 =$
19	$25 \times 312 =$
20	$79 \times 387 =$

점수		확인	

3교시

제한시간 : 3분

걸린시간 : _____ 분 _____ 초

1	5394 ÷ 93 =	
2	7482 ÷ 87 =	
3	1512 ÷ 72 =	
4	2184 ÷ 91 =	
5	7885 ÷ 83 =	
6	3672 ÷ 51 =	
7	4148 ÷ 68 =	
8	4324 ÷ 94 =	
9	1924 ÷ 37 =	
10	3564 ÷ 54 =	
11	6110 ÷ 26 =	
12	9303 ÷ 21 =	
13	8568 ÷ 56 =	
14	6890 ÷ 26 =	
15	5772 ÷ 39 =	
16	9758 ÷ 41 =	
17	6405 ÷ 35 =	
18	9077 ÷ 29 =	
19	6930 ÷ 42 =	
20	7605 ÷ 13 =	

점수

확인

걸린시간 : _____ 분 _____ 초

1	2	3	4	5
694	97	892	643	773
153	733	−537	−56	61
−67	−467	45	84	945
−58	−28	−68	729	−83
931	−45	769	131	−77
42	568	708	−34	−137
−609	479	−89	−913	890

6	7	8	9	10
674	802	312	784	528
709	42	524	57	875
−84	−694	−71	−637	−25
62	387	97	261	−46
−495	−43	240	−31	856
376	486	−85	−48	−293
−95	−98	−514	595	97

점수　　　확인

제23회 승암산 2교시 제한시간 : 3분

걸린시간 : _____ 분 _____ 초

1	$63 \times 73 =$	
2	$74 \times 23 =$	
3	$18 \times 79 =$	
4	$38 \times 64 =$	
5	$55 \times 35 =$	
6	$92 \times 76 =$	
7	$27 \times 58 =$	
8	$66 \times 69 =$	
9	$92 \times 12 =$	
10	$36 \times 91 =$	
11	$654 \times 59 =$	
12	$445 \times 98 =$	
13	$988 \times 25 =$	
14	$627 \times 58 =$	
15	$128 \times 57 =$	
16	$62 \times 692 =$	
17	$29 \times 931 =$	
18	$98 \times 591 =$	
19	$26 \times 358 =$	
20	$81 \times 934 =$	

점수 　　　 확인

제한시간 : 3분

걸린시간 : _____ 분 _____ 초

1	2016 ÷ 42 =
2	3441 ÷ 93 =
3	1105 ÷ 85 =
4	4898 ÷ 79 =
5	1972 ÷ 29 =
6	2793 ÷ 57 =
7	3901 ÷ 83 =
8	6882 ÷ 74 =
9	3240 ÷ 36 =
10	2241 ÷ 27 =
11	6110 ÷ 26 =
12	7540 ÷ 26 =
13	7791 ÷ 21 =
14	7888 ÷ 68 =
15	8225 ÷ 35 =
16	8109 ÷ 51 =
17	4674 ÷ 38 =
18	5754 ÷ 42 =
19	8260 ÷ 28 =
20	5668 ÷ 26 =

점수

확인

걸린시간 : _____ 분 _____ 초

1	2	3	4	5
527	631	80	595	106
-81	724	715	-98	54
456	-60	-38	151	552
-368	-86	702	-66	-69
56	324	-684	982	-243
-72	51	-72	-730	-78
416	-467	823	54	673

6	7	8	9	10
850	31	712	429	615
-34	576	835	-93	-472
507	-96	44	571	31
-749	384	-62	-19	-59
96	-48	-307	734	348
-63	212	651	83	-38
297	-874	-92	-351	204

점수　확인

걸린시간 : _____ 분 _____ 초

1	64	×	15 =
2	74	×	11 =
3	18	×	82 =
4	38	×	36 =
5	65	×	48 =
6	92	×	36 =
7	27	×	81 =
8	66	×	54 =
9	46	×	83 =
10	37	×	54 =
11	659	×	73 =
12	459	×	15 =
13	999	×	78 =
14	632	×	97 =
15	117	×	15 =
16	63	×	176 =
17	28	×	355 =
18	98	×	693 =
19	27	×	974 =
20	81	×	121 =

점수

확인

제24회 제암산

3교시

제한시간 : 3분

걸린시간 : _____ 분 _____ 초

1	6696 ÷ 93 =	
2	2340 ÷ 26 =	
3	1218 ÷ 42 =	
4	5762 ÷ 86 =	
5	3995 ÷ 85 =	
6	2184 ÷ 91 =	
7	1978 ÷ 46 =	
8	2016 ÷ 42 =	
9	4898 ÷ 79 =	
10	1755 ÷ 39 =	
11	3510 ÷ 26 =	
12	7476 ÷ 42 =	
13	5355 ÷ 45 =	
14	7296 ÷ 57 =	
15	6357 ÷ 39 =	
16	4862 ÷ 26 =	
17	8260 ÷ 35 =	
18	6273 ÷ 41 =	
19	6100 ÷ 25 =	
20	5655 ÷ 39 =	

점수 　　　　확인

걸린시간 : _____ 분 _____ 초

1	2	3	4	5
58	425	947	543	17
387	−96	−78	−285	439
950	524	196	32	180
−98	793	451	−74	−98
−805	−757	72	147	−174
−79	85	−392	−48	183
402	−92	−39	563	−96

6	7	8	9	10
327	402	716	617	97
−64	718	−38	−23	148
972	−81	209	709	−36
−569	−472	881	−304	553
541	−31	−75	64	−208
−23	509	−363	−86	189
86	93	46	352	−24

점수　　확인

제25회
승암산 **2교시** 제한시간 : 3분

걸린시간 : _____ 분 _____ 초

1	64 × 33 =
2	73 × 92 =
3	19 × 54 =
4	37 × 91 =
5	65 × 61 =
6	92 × 15 =
7	28 × 14 =
8	65 × 76 =
9	47 × 23 =
10	37 × 63 =
11	643 × 19 =
12	463 × 79 =
13	992 × 49 =
14	639 × 42 =
15	115 × 12 =
16	64 × 461 =
17	46 × 251 =
18	99 × 676 =
19	27 × 979 =
20	82 × 263 =

점수 □ 확인 □

걸린시간 : _____ 분 _____ 초

1	6142 ÷ 83 =
2	2288 ÷ 26 =
3	1632 ÷ 51 =
4	1748 ÷ 38 =
5	1116 ÷ 36 =
6	4876 ÷ 92 =
7	2166 ÷ 57 =
8	5820 ÷ 60 =
9	5846 ÷ 74 =
10	1247 ÷ 29 =
11	7807 ÷ 37 =
12	6204 ÷ 47 =
13	4896 ÷ 32 =
14	4577 ÷ 23 =
15	3150 ÷ 14 =
16	7854 ÷ 34 =
17	9730 ÷ 35 =
18	3150 ÷ 25 =
19	8988 ÷ 14 =
20	4000 ÷ 32 =

점수   확인

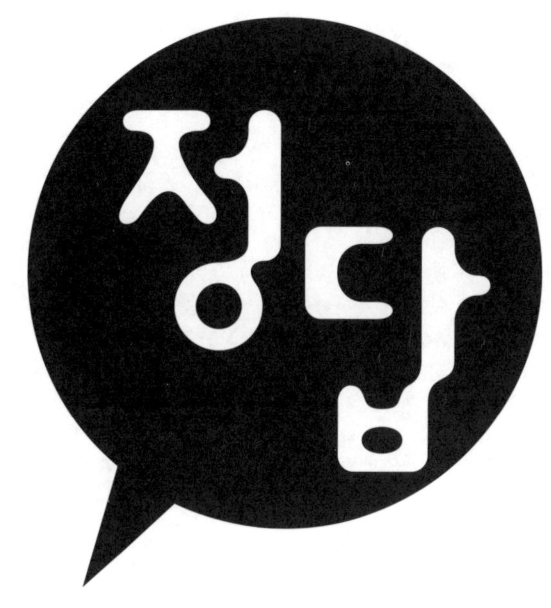

정답

제1회

2쪽_ 1교시

① 990　② 781　③ 675　④ 1594　⑤ 736
⑥ 1283　⑦ 1093　⑧ 1078　⑨ 1351　⑩ 1474

3쪽_ 2교시

① 5445　② 8036　③ 528　④ 1886　⑤ 2538
⑥ 2304　⑦ 1311　⑧ 4731　⑨ 2940　⑩ 532
⑪ 29484　⑫ 13202　⑬ 23925　⑭ 10741　⑮ 9660
⑯ 42458　⑰ 20524　⑱ 82253　⑲ 1694　⑳ 8000

4쪽_ 3교시

① 92　② 26　③ 38　④ 84　⑤ 97　⑥ 84　⑦ 53
⑧ 91　⑨ 49　⑩ 79　⑪ 135　⑫ 126　⑬ 270　⑭ 204
⑮ 116　⑯ 131　⑰ 170　⑱ 138　⑲ 115　⑳ 113

제2회

5쪽_ 1교시

① 1317　② 644　③ 1016　④ 1591　⑤ 930
⑥ 1536　⑦ 904　⑧ 827　⑨ 1289　⑩ 1031

6쪽_ 2교시

① 1960　② 7298　③ 627　④ 1702　⑤ 4277
⑥ 8415　⑦ 1805　⑧ 3569　⑨ 3192　⑩ 1652
⑪ 43248　⑫ 4913　⑬ 54145　⑭ 40977　⑮ 5775
⑯ 5452　⑰ 43875　⑱ 59179　⑲ 7623　⑳ 10140

7쪽_ 3교시

① 57　② 46　③ 35　④ 83　⑤ 57　⑥ 59　⑦ 58
⑧ 45　⑨ 89　⑩ 37　⑪ 189　⑫ 176　⑬ 282　⑭ 197
⑮ 191　⑯ 169　⑰ 185　⑱ 256　⑲ 138　⑳ 291

제3회

8쪽_ 1교시

① 1414　② 1524　③ 1450　④ 1783　⑤ 1658
⑥ 1729　⑦ 1488　⑧ 797　⑨ 1133　⑩ 978

9쪽_ 2교시

① 3192　② 6068　③ 300　④ 3420　⑤ 3168
⑥ 7029　⑦ 714　⑧ 1079　⑨ 2940　⑩ 1044
⑪ 51545　⑫ 20562　⑬ 10881　⑭ 14663　⑮ 17748
⑯ 20880　⑰ 35068　⑱ 51744　⑲ 1380　⑳ 64548

10쪽_ 3교시

① 56　② 43　③ 55　④ 89　⑤ 69　⑥ 29　⑦ 98
⑧ 35　⑨ 86　⑩ 29　⑪ 235　⑫ 254　⑬ 187　⑭ 243
⑮ 227　⑯ 106　⑰ 272　⑱ 471　⑲ 215　⑳ 127

제4회

11쪽_ 1교시

① 512　② 764　③ 1180　④ 1214　⑤ 1135
⑥ 1697　⑦ 390　⑧ 1218　⑨ 1063　⑩ 1337

12쪽_ 2교시

① 3976　② 2870　③ 432　④ 2385　⑤ 3888
⑥ 5049　⑦ 1659　⑧ 6059　⑨ 4956　⑩ 1479
⑪ 24335　⑫ 12008　⑬ 48336　⑭ 45105　⑮ 3484
⑯ 27792　⑰ 41844　⑱ 21084　⑲ 4303　⑳ 38082

13쪽_ 3교시

① 23　② 38　③ 86　④ 86　⑤ 48　⑥ 45　⑦ 79
⑧ 29　⑨ 52　⑩ 91　⑪ 235　⑫ 319　⑬ 262　⑭ 192
⑮ 137　⑯ 108　⑰ 206　⑱ 112　⑲ 138　⑳ 180

제5회

14쪽_ 1교시

① 654　② 1313　③ 1334　④ 1115　⑤ 1240
⑥ 946　⑦ 1028　⑧ 1174　⑨ 938　⑩ 356

15쪽_ 2교시

① 1425　② 5751　③ 744　④ 585　⑤ 4512
⑥ 1386　⑦ 1701　⑧ 2701　⑨ 1190　⑩ 1943
⑪ 13277　⑫ 14582　⑬ 58208　⑭ 16835　⑮ 18216
⑯ 36897　⑰ 25542　⑱ 43860　⑲ 7371　⑳ 15678

16쪽_ 3교시

① 23　② 40　③ 48　④ 49　⑤ 80　⑥ 34　⑦ 35
⑧ 27　⑨ 50　⑩ 65　⑪ 145　⑫ 319　⑬ 182　⑭ 247
⑮ 112　⑯ 152　⑰ 283　⑱ 308　⑲ 446　⑳ 319

제6회

17쪽_ 1교시

① 1498　② 1402　③ 1975　④ 1232　⑤ 669
⑥ 680　⑦ 1386　⑧ 1938　⑨ 1775　⑩ 1119

18쪽_ 2교시

① 2166　② 2835　③ 1044　④ 3652　⑤ 784
⑥ 5978　⑦ 330　⑧ 1825　⑨ 5695　⑩ 2325
⑪ 61383　⑫ 11951　⑬ 73530　⑭ 25449　⑮ 13794
⑯ 28763　⑰ 16338　⑱ 61748　⑲ 10248　⑳ 38692

19쪽_ 3교시

① 56　② 62　③ 48　④ 83　⑤ 49　⑥ 90　⑦ 75
⑧ 55　⑨ 64　⑩ 67　⑪ 120　⑫ 280　⑬ 256　⑭ 220
⑮ 135　⑯ 156　⑰ 180　⑱ 103　⑲ 504　⑳ 127

제7회

20쪽_ 1교시

① 1384　② 1367　③ 1109　④ 745　⑤ 1186
⑥ 1232　⑦ 1465　⑧ 1508　⑨ 602　⑩ 1525

21쪽_ 2교시

① 3477　② 5056　③ 962　④ 2904　⑤ 1715
⑥ 3724　⑦ 506　⑧ 6984　⑨ 5865　⑩ 2356
⑪ 42066　⑫ 17755　⑬ 64725　⑭ 9842　⑮ 22477
⑯ 43911　⑰ 4830　⑱ 65102　⑲ 8595　⑳ 18423

22쪽_ 3교시

① 23　② 65　③ 80　④ 86　⑤ 75　⑥ 37　⑦ 96
⑧ 97　⑨ 38　⑩ 75　⑪ 208　⑫ 183　⑬ 319　⑭ 519
⑮ 325　⑯ 157　⑰ 128　⑱ 160　⑲ 365　⑳ 102

제8회

23쪽_ 1교시

① 932　② 1359　③ 1428　④ 782　⑤ 1437
⑥ 983　⑦ 842　⑧ 1004　⑨ 2045　⑩ 1300

24쪽_ 2교시

① 812　② 4661　③ 1183　④ 1540　⑤ 1911
⑥ 2450　⑦ 2156　⑧ 1296　⑨ 3698　⑩ 2542
⑪ 35908　⑫ 5085　⑬ 37453　⑭ 14700　⑮ 19635
⑯ 23816　⑰ 17958　⑱ 32538　⑲ 10320　⑳ 9729

25쪽_ 3교시

① 75　② 85　③ 68　④ 69　⑤ 51　⑥ 35　⑦ 36
⑧ 56　⑨ 97　⑩ 83　⑪ 288　⑫ 104　⑬ 141　⑭ 106
⑮ 252　⑯ 141　⑰ 284　⑱ 705　⑲ 357　⑳ 160

제9회

26쪽_ 1교시

① 1268　② 940　③ 1061　④ 1271　⑤ 1064
⑥ 1415　⑦ 1099　⑧ 1546　⑨ 1196　⑩ 1994

27쪽_ 2교시

① 2958　② 4503　③ 756　④ 3741　⑤ 969
⑥ 6887　⑦ 805　⑧ 6745　⑨ 7310　⑩ 1333
⑪ 75166　⑫ 26939　⑬ 79352　⑭ 50255　⑮ 16425
⑯ 30004　⑰ 30771　⑱ 50952　⑲ 7376　⑳ 49335

28쪽_ 3교시
① 36 ② 68 ③ 62 ④ 68 ⑤ 38 ⑥ 76 ⑦ 52
⑧ 74 ⑨ 52 ⑩ 17 ⑪ 286 ⑫ 144 ⑬ 361 ⑭ 142
⑮ 335 ⑯ 128 ⑰ 459 ⑱ 170 ⑲ 256 ⑳ 156

제10회
29쪽_ 1교시
① 835 ② 1113 ③ 889 ④ 1244 ⑤ 1235
⑥ 1337 ⑦ 1045 ⑧ 1532 ⑨ 1253 ⑩ 1301
30쪽_ 2교시
① 4930 ② 948 ③ 882 ④ 3053 ⑤ 2907
⑥ 5529 ⑦ 2001 ⑧ 5893 ⑨ 8256 ⑩ 1152
⑪ 27288 ⑫ 7497 ⑬ 63864 ⑭ 26166 ⑮ 12042
⑯ 34026 ⑰ 13689 ⑱ 73656 ⑲ 6545 ⑳ 47073
31쪽_ 3교시
① 17 ② 42 ③ 87 ④ 49 ⑤ 28 ⑥ 61 ⑦ 63
⑧ 83 ⑨ 48 ⑩ 26 ⑪ 327 ⑫ 142 ⑬ 135 ⑭ 132
⑮ 402 ⑯ 264 ⑰ 307 ⑱ 367 ⑲ 430 ⑳ 308

제11회
32쪽_ 1교시
① 1076 ② 1366 ③ 1532 ④ 708 ⑤ 1116
⑥ 450 ⑦ 660 ⑧ 1267 ⑨ 1366 ⑩ 1055
33쪽_ 2교시
① 4189 ② 3510 ③ 1190 ④ 2881 ⑤ 4692
⑥ 3395 ⑦ 2139 ⑧ 5609 ⑨ 1653 ⑩ 3040
⑪ 70870 ⑫ 13024 ⑬ 15028 ⑭ 34624 ⑮ 13482
⑯ 19386 ⑰ 32566 ⑱ 31239 ⑲ 9112 ⑳ 38592
34쪽_ 3교시
① 57 ② 35 ③ 58 ④ 31 ⑤ 69 ⑥ 48 ⑦ 24
⑧ 46 ⑨ 57 ⑩ 96 ⑪ 479 ⑫ 414 ⑬ 173 ⑭ 108
⑮ 189 ⑯ 216 ⑰ 231 ⑱ 305 ⑲ 135 ⑳ 356

제12회
35쪽_ 1교시
① 1374 ② 925 ③ 1061 ④ 1422 ⑤ 1275
⑥ 1004 ⑦ 1664 ⑧ 943 ⑨ 868 ⑩ 657
36쪽_ 2교시
① 4425 ② 1482 ③ 195 ④ 602 ⑤ 988
⑥ 9504 ⑦ 456 ⑧ 2485 ⑨ 4611 ⑩ 561
⑪ 15645 ⑫ 30176 ⑬ 48114 ⑭ 44307 ⑮ 10808
⑯ 49280 ⑰ 19721 ⑱ 66885 ⑲ 3906 ⑳ 55368
37쪽_ 3교시
① 34 ② 36 ③ 74 ④ 26 ⑤ 32 ⑥ 86 ⑦ 42
⑧ 97 ⑨ 74 ⑩ 25 ⑪ 135 ⑫ 524 ⑬ 292 ⑭ 103
⑮ 114 ⑯ 106 ⑰ 180 ⑱ 290 ⑲ 491 ⑳ 145

제13회
38쪽_ 1교시
① 1053 ② 1294 ③ 971 ④ 508 ⑤ 637
⑥ 640 ⑦ 1416 ⑧ 1323 ⑨ 1356 ⑩ 678
39쪽_ 2교시
① 5664 ② 6622 ③ 1080 ④ 3150 ⑤ 3692
⑥ 3360 ⑦ 672 ⑧ 6003 ⑨ 5307 ⑩ 1023
⑪ 55556 ⑫ 6732 ⑬ 28303 ⑭ 31635 ⑮ 17836
⑯ 54065 ⑰ 11507 ⑱ 30303 ⑲ 3591 ⑳ 30295
40쪽_ 3교시
① 63 ② 89 ③ 63 ④ 80 ⑤ 57 ⑥ 74 ⑦ 42
⑧ 96 ⑨ 36 ⑩ 25 ⑪ 135 ⑫ 524 ⑬ 178 ⑭ 203
⑮ 132 ⑯ 106 ⑰ 145 ⑱ 290 ⑲ 491 ⑳ 358

제14회
41쪽_ 1교시
① 692 ② 894 ③ 1060 ④ 1239 ⑤ 1476
⑥ 499 ⑦ 1389 ⑧ 898 ⑨ 1720 ⑩ 1515
42쪽_ 2교시
① 2257 ② 4466 ③ 1365 ④ 2352 ⑤ 4836
⑥ 2496 ⑦ 1176 ⑧ 4623 ⑨ 2816 ⑩ 1782
⑪ 59532 ⑫ 20466 ⑬ 57393 ⑭ 53295 ⑮ 13394
⑯ 24584 ⑰ 26172 ⑱ 56672 ⑲ 14022 ⑳ 40182
43쪽_ 3교시
① 47 ② 43 ③ 37 ④ 27 ⑤ 57 ⑥ 35 ⑦ 72
⑧ 69 ⑨ 27 ⑩ 64 ⑪ 176 ⑫ 198 ⑬ 103 ⑭ 309
⑮ 144 ⑯ 235 ⑰ 326 ⑱ 262 ⑲ 431 ⑳ 208

제15회
44쪽_ 1교시
① 1129 ② 780 ③ 990 ④ 1479 ⑤ 1641
⑥ 1428 ⑦ 1370 ⑧ 1743 ⑨ 1878 ⑩ 1101
45쪽_ 2교시
① 3233 ② 4389 ③ 272 ④ 1092 ⑤ 636
⑥ 7030 ⑦ 1536 ⑧ 4071 ⑨ 6952 ⑩ 1224
⑪ 9386 ⑫ 26427 ⑬ 83993 ⑭ 34343 ⑮ 5742
⑯ 7504 ⑰ 26355 ⑱ 45105 ⑲ 13146 ⑳ 67858
46쪽_ 3교시
① 64 ② 48 ③ 35 ④ 68 ⑤ 45 ⑥ 38 ⑦ 74
⑧ 81 ⑨ 40 ⑩ 58 ⑪ 251 ⑫ 194 ⑬ 371 ⑭ 346
⑮ 182 ⑯ 369 ⑰ 201 ⑱ 261 ⑲ 169 ⑳ 106

제16회
47쪽_ 1교시
① 1417 ② 1859 ③ 1723 ④ 1355 ⑤ 1801
⑥ 1630 ⑦ 1330 ⑧ 1178 ⑨ 685 ⑩ 1426
48쪽_ 2교시
① 5978 ② 1463 ③ 336 ④ 2009 ⑤ 2014
⑥ 6745 ⑦ 1425 ⑧ 5100 ⑨ 8624 ⑩ 1802
⑪ 53475 ⑫ 28835 ⑬ 49608 ⑭ 42048 ⑮ 10726
⑯ 33915 ⑰ 20265 ⑱ 64449 ⑲ 11907 ⑳ 61350
49쪽_ 3교시
① 68 ② 56 ③ 94 ④ 92 ⑤ 79 ⑥ 47 ⑦ 85
⑧ 36 ⑨ 98 ⑩ 57 ⑪ 158 ⑫ 105 ⑬ 185 ⑭ 388
⑮ 283 ⑯ 137 ⑰ 289 ⑱ 140 ⑲ 344 ⑳ 241

제17회
50쪽_ 1교시
① 1103 ② 1263 ③ 1463 ④ 430 ⑤ 1429
⑥ 1731 ⑦ 1580 ⑧ 988 ⑨ 1256 ⑩ 1067
51쪽_ 2교시
① 3534 ② 5700 ③ 560 ④ 1312 ⑤ 3127
⑥ 1140 ⑦ 2375 ⑧ 2584 ⑨ 1513 ⑩ 2210
⑪ 25020 ⑫ 37145 ⑬ 33516 ⑭ 9520 ⑮ 5832
⑯ 40426 ⑰ 10030 ⑱ 89394 ⑲ 17446 ⑳ 30096
52쪽_ 3교시
① 83 ② 79 ③ 87 ④ 37 ⑤ 46 ⑥ 40 ⑦ 95
⑧ 42 ⑨ 43 ⑩ 71 ⑪ 135 ⑫ 239 ⑬ 304 ⑭ 105
⑮ 165 ⑯ 145 ⑰ 179 ⑱ 108 ⑲ 343 ⑳ 518

제18회
53쪽_ 1교시
① 1569 ② 1178 ③ 1627 ④ 1590 ⑤ 1936
⑥ 1036 ⑦ 1021 ⑧ 920 ⑨ 1507 ⑩ 1349

54쪽_ 2교시
① 4898　② 1216　③ 1104　④ 492　⑤ 4929
⑥ 8742　⑦ 900　⑧ 748　⑨ 1860　⑩ 455
⑪ 64728　⑫ 33372　⑬ 67237　⑭ 20015　⑮ 1716
⑯ 38918　⑰ 21714　⑱ 33088　⑲ 9545　⑳ 26980

55쪽_ 3교시
① 69　② 43　③ 37　④ 57　⑤ 54　⑥ 53　⑦ 95
⑧ 49　⑨ 40　⑩ 31　⑪ 258　⑫ 201　⑬ 226　⑭ 198
⑮ 243　⑯ 172　⑰ 203　⑱ 208　⑲ 172　⑳ 129

제19회
56쪽_ 1교시
① 846　② 1133　③ 1049　④ 1584　⑤ 713
⑥ 794　⑦ 999　⑧ 1290　⑨ 964　⑩ 1094

57쪽_ 2교시
① 5146　② 7050　③ 255　④ 2301　⑤ 648
⑥ 7614　⑦ 416　⑧ 6365　⑨ 4806　⑩ 2380
⑪ 34833　⑫ 26598　⑬ 61376　⑭ 34987　⑮ 13137
⑯ 25547　⑰ 26268　⑱ 85215　⑲ 11937　⑳ 71071

58쪽_ 3교시
① 93　② 17　③ 61　④ 97　⑤ 63　⑥ 87　⑦ 72
⑧ 22　⑨ 76　⑩ 67　⑪ 135　⑫ 289　⑬ 503　⑭ 320
⑮ 222　⑯ 472　⑰ 146　⑱ 136　⑲ 693　⑳ 137

제20회
59쪽_ 1교시
① 1727　② 1155　③ 634　④ 1748　⑤ 1822
⑥ 1525　⑦ 1274　⑧ 1364　⑨ 1191　⑩ 1478

60쪽_ 2교시
① 1323　② 4950　③ 629　④ 975　⑤ 3834
⑥ 2162　⑦ 1534　⑧ 2881　⑨ 6141　⑩ 3010
⑪ 44957　⑫ 33496　⑬ 56935　⑭ 7761　⑮ 3675
⑯ 11564　⑰ 31488　⑱ 94464　⑲ 22824　⑳ 72618

61쪽_ 3교시
① 29　② 35　③ 36　④ 95　⑤ 80　⑥ 47　⑦ 92
⑧ 62　⑨ 45　⑩ 47　⑪ 135　⑫ 627　⑬ 188　⑭ 223
⑮ 461　⑯ 414　⑰ 121　⑱ 575　⑲ 239　⑳ 389

제21회
62쪽_ 1교시
① 1321　② 1772　③ 1271　④ 736　⑤ 1699
⑥ 1779　⑦ 1103　⑧ 1845　⑨ 1436　⑩ 1929

63쪽_ 2교시
① 2205　② 4275　③ 782　④ 624　⑤ 4536
⑥ 5301　⑦ 1898　⑧ 2144　⑨ 1365　⑩ 612
⑪ 23695　⑫ 14824　⑬ 34160　⑭ 59267　⑮ 9315
⑯ 37515　⑰ 6789　⑱ 41376　⑲ 20425　⑳ 55536

64쪽_ 3교시
① 84　② 64　③ 62　④ 48　⑤ 76　⑥ 82　⑦ 36
⑧ 37　⑨ 56　⑩ 27　⑪ 203　⑫ 131　⑬ 188　⑭ 387
⑮ 191　⑯ 199　⑰ 252　⑱ 260　⑲ 139　⑳ 272

제22회
65쪽_ 1교시
① 787　② 668　③ 1630　④ 1001　⑤ 1943
⑥ 1215　⑦ 813　⑧ 998　⑨ 1523　⑩ 1883

66쪽_ 2교시
① 3402　② 3225　③ 666　④ 2698　⑤ 1430
⑥ 5022　⑦ 1134　⑧ 5346　⑨ 4186　⑩ 1548
⑪ 9310　⑫ 25088　⑬ 15600　⑭ 49491　⑮ 6672
⑯ 20026　⑰ 4092　⑱ 12901　⑲ 7800　⑳ 30573

67쪽_ 3교시
① 58　② 86　③ 21　④ 24　⑤ 95　⑥ 72　⑦ 61
⑧ 46　⑨ 52　⑩ 66　⑪ 235　⑫ 443　⑬ 153　⑭ 265
⑮ 148　⑯ 238　⑰ 183　⑱ 313　⑲ 165　⑳ 585

제23회
68쪽_ 1교시
① 1086　② 1337　③ 1720　④ 584　⑤ 2372
⑥ 1147　⑦ 882　⑧ 503　⑨ 981　⑩ 1992

69쪽_ 2교시
① 4599　② 1702　③ 1422　④ 2432　⑤ 1925
⑥ 6992　⑦ 1566　⑧ 4554　⑨ 1104　⑩ 3276
⑪ 38586　⑫ 43610　⑬ 24700　⑭ 36366　⑮ 7296
⑯ 42904　⑰ 26999　⑱ 57918　⑲ 9308　⑳ 75654

70쪽_ 3교시
① 48　② 37　③ 13　④ 62　⑤ 68　⑥ 49　⑦ 47
⑧ 93　⑨ 90　⑩ 83　⑪ 235　⑫ 290　⑬ 371　⑭ 116
⑮ 235　⑯ 159　⑰ 123　⑱ 137　⑲ 295　⑳ 218

제24회
71쪽_ 1교시
① 934　② 1117　③ 1526　④ 888　⑤ 995
⑥ 904　⑦ 185　⑧ 1781　⑨ 1354　⑩ 629

72쪽_ 2교시
① 960　② 814　③ 1476　④ 1368　⑤ 3120
⑥ 3312　⑦ 2187　⑧ 3564　⑨ 3818　⑩ 1998
⑪ 48107　⑫ 6885　⑬ 77922　⑭ 61304　⑮ 1755
⑯ 11088　⑰ 9940　⑱ 67914　⑲ 26298　⑳ 9801

73쪽_ 3교시
① 72　② 90　③ 29　④ 67　　47　⑥ 24　⑦ 43
⑧ 48　⑨ 62　⑩ 45　⑪ 135　⑫ 178　⑬ 119　⑭ 128
⑮ 163　⑯ 187　⑰ 236　⑱ 153　⑲ 244　⑳ 145

제25회
74쪽_ 1교시
① 815　② 882　③ 1157　④ 878　⑤ 451
⑥ 1270　⑦ 1138　⑧ 1376　⑨ 1329　⑩ 719

75쪽_ 2교시
① 2112　② 6716　③ 1026　④ 3367　⑤ 3965
⑥ 1380　⑦ 392　⑧ 4940　⑨ 1081　⑩ 2331
⑪ 12217　⑫ 36577　⑬ 48608　⑭ 26838　⑮ 1380
⑯ 29504　⑰ 11546　⑱ 66924　⑲ 26433　⑳ 21566

76쪽_ 3교시
① 74　② 88　③ 32　④ 46　⑤ 31　⑥ 53　⑦ 38
⑧ 97　⑨ 79　⑩ 43　⑪ 211　⑫ 132　⑬ 153　⑭ 199
⑮ 225　⑯ 231　⑰ 278　⑱ 126　⑲ 642　⑳ 125